中小学生课外研学科普读物

# 自然探秘之 鸟类

佟 娜 薛亚男 高懋松 朱 红 主编

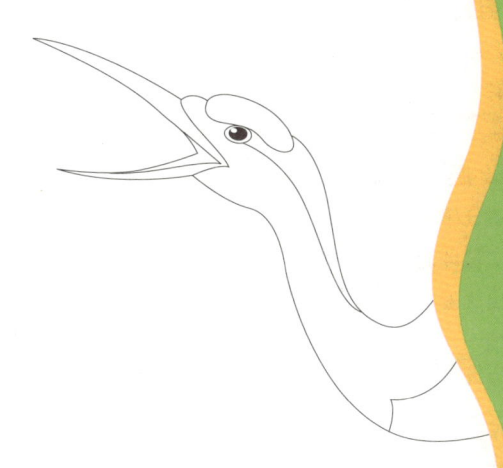

燕山大学出版社
·秦皇岛·

图书在版编目（CIP）数据

自然探秘之鸟类 / 佟娜等主编. —秦皇岛：燕山大学出版社，2024.6
ISBN 978-7-5761-0680-0

Ⅰ.①自… Ⅱ.①佟… Ⅲ.①鸟类－青少年读物 Ⅳ.①Q959.7-49

中国国家版本馆 CIP 数据核字（2024）第 090923 号

## 自然探秘之鸟类
ZIRAN TANMI ZHI NIAOLEI

佟　娜　薛亚男　高懋松　朱　红　主编

| | | | |
|---|---|---|---|
| 出 版 人：陈　玉 | | | |
| 责任编辑：张岳洪 | | 策划编辑：裴立超 | |
| 责任印制：吴　波 | | 封面设计：刘韦希 | |
| 出版发行：燕山大学出版社 | | 电　　话：0335-8387555 | |
| 地　　址：河北省秦皇岛市河北大街西段 438 号 | | 邮政编码：066004 | |
| 印　　刷：秦皇岛墨缘彩印有限公司 | | 经　　销：全国新华书店 | |
| 开　　本：889 mm×1194 mm　　1/32 | | 印　　张：3.625 | |
| 版　　次：2024 年 6 月第 1 版 | | 印　　次：2024 年 6 月第 1 次印刷 | |
| 书　　号：ISBN 978-7-5761-0680-0 | | 字　　数：90 千字 | |
| 定　　价：28.00 元 | | | |

版权所有　侵权必究
如发生印刷、装订质量问题，读者可与出版社联系调换
联系电话：0335-8387718

## 《自然探秘之鸟类》编委会

主　　任：范怀良　李　军　杨国林
委　　员：刘学忠　孔祥林　佟　娜　朱　红　彭　烨
主　　编：佟　娜　薛亚男　高懋松　朱　红
副 主 编：彭　烨　张玮琦　刘亚轩　王彦超
编写人员：李　军　佟　娜　薛亚男　朱　红　彭　烨
　　　　　张玮琦　刘亚轩　王彦超　钱云开　聂维忠
　　　　　聂晨辉
统　　筹：聂维忠　佟　娜
编辑撰文：佟　娜　薛亚男
图片提供和技术指导：范怀良　刘学忠　孔祥林　胡晓燕
　　　　　　　　　　杜崇杰　王文国　雷大勇　宋德明
　　　　　　　　　　高宏颖　刘　波　刘　滨　李　光

# 序言

鸟类是人类的朋友,也是人类的报春天使。鸟语花香,莺歌燕舞,是人们对与鸟有关的美好生活的形象描述。鸟类是最常见且与人类关系最密切的野生动物,全世界现有鸟类 10 000 余种,2021 年出版的《中国鸟类观察手册》记录的中国鸟类数量刷新到 1 491 种,约占全世界的 14%。而我们美丽的家乡秦皇岛就有 500 余种,占全国鸟类总数的 30% 以上。鸟类不但能歌善舞,给我们带来悦耳动听的歌声,而且能啄食害虫、传播种子,是自然生态系统中的重要组成部分,在维护生态平衡、保护绿色大自然方面作用巨大,功不可没。

秦皇岛北依燕山,南临渤海,是世界候鸟九大迁徙通道之一——东亚-澳大利西亚候鸟迁飞通道的重要中间节点,是许多候鸟中途停歇和能量补给的重要驿站,是世界四大观鸟胜地之一,被称为"中国观鸟之都"。我们美丽的家乡秦皇岛凭借独特的地理位置、复杂多样的地形地貌、良好的自然生态环境,每年吸引数百万只候鸟前来觅食、聚集、停歇"充电"。在这"鸟的天堂",海鸥悠然戏水,白鹭蹁跹起舞,大雁翱翔天际,万鸟齐飞共鸣,让世界各地的广大鸟类研究者、爱好者和无数游客纷至沓来,流连忘返。

广大中小学生是保护鸟类、维护生态安全、建设"生态文明,美丽中国"的未来生力军。为教育引领广大中小学生牢固树立爱鸟护鸟的理念和意识,我们组织相关专家,编写了《自然探秘之鸟类》科普教育知识读物。该书内容简洁明了，语言幽默诙谐，图文并茂，尤其是运用中小学生乐于接受的儿童化的语言、情节式的表述、生动的画面，巧妙地将鸟类基本知识、常见鸟类形态特征等知识要点转化为生动有趣的科普知识内容，让学生们在阅读本科普读物的同时，能走进神秘的鸟类世界，认识鸟类，关注鸟类，爱护鸟类，共同保护好我们美丽的家园，让我们心向往之的"春眠不觉晓，处处闻啼鸟"的美景永驻大美秦皇岛。

本科普读物的编纂出版工作得到秦皇岛市林业局、秦皇岛市观（爱）鸟协会、秦皇岛海关、北戴河海关、海港区教育和体育局、北戴河青少年校外教育中心、秦皇岛市北戴河区翼展鸟类救养中心（秦皇岛市野生鸟类疫病监测和防控生物安全重点实验室、秦皇岛市野生动物生物安全风险监测站）等单位领导的关怀和支持，并得到"河北省科学技术协会2022年度科普创作出版资金项目"的资助支持，在此谨致谢意。同时感谢燕山大学出版社各位老师的精心指导，感谢各位编委齐心协力、辛勤工作，使得本书得以顺利完成编写出版，填补了我市中小学生科普读物的一项空白。

"保护鸟类，人人有责！"在第42个"爱鸟周"来临之际，谨以此书献给辛勤守护美丽家园，投身于关爱鸟类、保护鸟类事业的工作者和热心关注、参与爱鸟护鸟行动的各界朋友们。

受编写者水平的限制，本书错误之处在所难免，期盼广大读者予以指正，以便今后及时修改完善。

编者

2023年4月

# 目  录

| 第一课 | 我们的朋友——鸟 | 1 |
| --- | --- | --- |
| 第二课 | 最聪明的鸟——乌鸦 | 9 |
| 第三课 | 空中旅行家——燕子 | 16 |
| 第四课 | 传递消息的使者——鸽子 | 24 |
| 第五课 | 优秀的建造师——喜鹊 | 32 |
| 第六课 | 黑夜守护者——猫头鹰 | 40 |
| 第七课 | 高傲且优雅的鸟——丹顶鹤 | 48 |
| 第八课 | 大自然的清道夫——秃鹫 | 62 |
| 第九课 | 鸟中的君子——白鹭 | 74 |
| 第十课 | 海港清洁工——海鸥 | 83 |
| 第十一课 | 猛禽之王——金雕 | 95 |

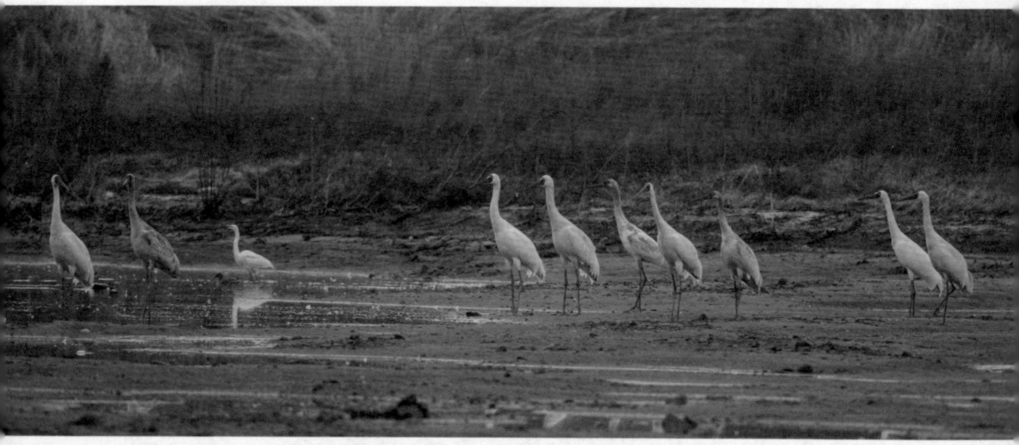

# 第一课

## 我们的朋友——鸟

自然探秘之**鸟类**

# 鸟类外部形态结构与特点

**外部形态**：鸟类的外部形态结构是大部分人对鸟类进行辨别与分类的主要依据。外部形态上，鸟类的身体呈纺锤形或梭形的流线型，全身披有密而柔软的羽毛，这是鸟类特有的、有别于其他动物的最显著的特征。

**鸟类的羽毛**：鸟类是唯一拥有羽毛的动物。羽毛使鸟保持温暖干燥，更重要的是能让鸟飞行。鸟的羽毛分为正羽、绒羽和纤羽三种类型。在春秋两季，通常会有换羽的现象，也有个别的鸟类会在冬季换羽。换羽在为鸟类带来新鲜靓丽的羽毛与图案的同时，也可以让我们人类从羽毛上识别出其年龄、性别。

第一课　我们的朋友——鸟

纤羽：生长在正羽和绒羽之间、像毛发一样的羽毛。

正羽：覆盖在鸟类身体外面，比较硬的大型羽毛，通常会因为生长的部位、大小等不同，而分为飞羽、尾羽、肩羽、覆羽等。

绒羽：在正羽下面，是覆盖在鸟类身体最里层的柔软羽毛，具有隔热保暖的作用。我们人类穿的羽绒服中的填充物，最常见的就是鹅绒和鸭绒。

3

**类型多样的鸟嘴：**鸟嘴又称为喙（huì），长而结实的喙非常坚硬，是一种突出的角质结构，其各部位的变化受自身功能的制约，成分与趾甲的成分相同，在遭到磨损后会不断地生长。成年后，鸟类的喙的大小不再发生变化。

喙的类型多种多样，在大小、形状、颜色和硬度方面各不相同，而这完全取决于鸟类的进食方式。

金雕喙结构图

- 蜡膜
- 鼻孔
- 眼先
- 上喙
- 嘴峰
- 下喙
- 嘴裂

第一课　我们的朋友——鸟

### 锋利的喙
　　猛禽类用喙尖的啮缘缺刻能把肉从骨头上剥离，并折断猎物的脊骨。

### 圆锥状的喙
　　雀类、鸭科鸟类长有坚硬的、呈圆锥状的喙，能够把种子从植物中剥离出来或啄碎种子。

### 结构简单的喙
　　由于不受食物种类的限制，渡鸦、乌鸦、喜鹊等鸟类的喙部结构简单，相对较长。

### 能够刺鱼的喙
　　苍鹭、白鹭等鸟类在浅水中捕鱼。它们的喙不但长，而且既结实又尖锐，能够快速穿过水面，轻松地叉鱼。

5

## 自然探秘之鸟类

### 吸管一样的喙
蜂鸟、太阳鸟等鸟类，要深入花蕊吸食花蜜，不仅需要又长又细的喙，而且还需要特殊的舌头。

### 长而厚的巨喙
长有巨喙的鸟类通过又长又厚的喙，可以够到那些生长在无法承受其体重的细枝上的果实。它们也用喙撕碎果实的果皮和种子。

### 上下交叉的喙
交嘴雀以松子为食。它们把喙插入松果的鳞片，然后撬开松果并嗑出松子。

### 有过滤器的喙
火烈鸟的喙内生有细线状组织，功能与鲸须类似。它们用此组织过滤水中的微小生物来食用。

第一课　我们的朋友——鸟

## 交流园

小朋友，你还知道哪些关于鸟的外部结构的特点？比如鸟的脚、尾巴……快快和大家分享一下吧！

展示尾羽求偶　　　　　　长长的尾羽保持着身体平衡

**我搜集到鸟尾的功能**

在进化的过程中，鸟类的尾椎骨演变成了尾综骨，并长出了长短不同的羽毛，尾综骨上的这些羽毛除了能够在飞行时帮助鸟类保持身体平衡，在游泳时起到舵的作用，在降落时起到减速、制动等作用外，还能帮助一些雄鸟在求偶时吸引雌鸟的关注等。

7

自然探秘之 鸟类

## 实 践 坊

### 我的观鸟日记——鸟类身体结构特点

题 目：_____

____年__月__日  天气：____  地点：_____

图片说明

8

# 第二课

## 最聪明的鸟
## ——乌鸦

自然探秘之 鸟类

## 乌鸦档案

绘图：彭烨

# 乌 鸦

**形态特征：**

乌鸦体长平均 50 厘米左右，体羽大多黑色或黑白两色，黑羽具紫蓝色金属光泽。

**生活习性：**

乌鸦喜群栖，集群性强，一群可达几万只。

**常见种类：**

中国以秃鼻乌鸦、达乌里寒鸦、大嘴乌鸦较为常见。

**食物：**

杂食性，吃谷物、浆果、昆虫、腐肉及其他鸟类的蛋。

第二课　最聪明的鸟——乌鸦

## 乌鸦图集

## 知识窗

### 最聪明的鸟——乌鸦

乌鸦漆黑的模样、粗哑的叫声并不受现代人们的喜欢,但在我国古代,乌鸦可是"吉祥之鸟",商朝就有"乌鸦报喜,始有周兴"的说法;秦汉时期,人们认为乌鸦成年后会反哺老乌鸦,将其称为"孝鸟"。乌鸦还是最聪明的鸟类,为什么呢?接下来我们一起来听一听乌鸦的故事吧!

"乌鸦喝水"的故事早已家喻户晓,那么,你知道乌鸦是怎么吃坚果的吗?

乌鸦叼起坚果后会尽可能地飞高一些,然后将坚果从高空抛下,这样坚果就有可能被摔裂,乌鸦就能吃到美味的果肉了。但不是所有的坚果都能用这种方式摔裂,有的坚果太硬,摔不开怎么办呢?于是乌鸦又想出新的办法,它将坚果扔到马路上,让汽车轮子轧碎,然后去啄食果肉。这样一来,乌鸦就要时刻躲避川流不息的汽车,非常危险。聪明的乌鸦通过长时间观察,又想出了一个绝妙的办法:它将坚果扔在人行横道上,等红灯一亮、车流停止时,再迅速下去美餐,这样就避免了危险。乌鸦的聪明,是不是让你们很钦佩呀!

## 第二课　最聪明的鸟——乌鸦

　　不仅如此，它们还会制造假象呢！当乌鸦遇到天敌的时候，如果所处的环境来不及逃跑，它们会假装出中毒死亡的迹象，使捕食者懊恼地离开。乌鸦还具有非比寻常的使用工具的能力，它们会衔来一根完整的树枝，想办法把小枝弄掉，再把树枝的末端磨尖，制成钩子，然后它们就用这个自制的钩子，从树皮和树洞中钩出它们的营养套餐——小虫子。最有趣的是它们还会使用计谋，在狗吃东西的时候，乌鸦会先派遣几只飞过去，使劲啄狗的屁股，狗反身攻击时，另外的乌鸦便迅速飞过去，将狗的食物抢走。

　　乌鸦还是一种有灵性的鸟。它有着很好的记性并富有感情，在儒家的诸多经典故事中，都认为乌鸦能"反哺慈亲"，将其作为孝顺的典型。小乌鸦在母亲的哺育下长大，当母亲年老体衰、不能觅食或者双目失明飞不动的时候，小乌鸦就四处去寻找可口的食物，衔回来嘴对嘴地喂到母亲的口中，回报母亲的养育之恩，并且从不感到厌烦，一直到老乌鸦临终再也吃不下东西为止。

　　小朋友，读到这儿，你是不是开始喜欢乌鸦啦？

自然探秘之 **鸟类**

## 交 流 园

小朋友,你还知道哪些关于乌鸦的故事?快快和大家分享一下吧!

_____

_____

_____

我找到的是"乌鸦喝水"的故事。

我找到的是"狐狸和乌鸦"的故事。

第二课　最聪明的鸟——乌鸦

## 实 践 坊

### 我的观鸟日记

题目：_____

____年__月__日　天气：____　地点：_____

_____
_____
_____
_____

## 法 博 士

《中华人民共和国野生动物保护法》第一章总则第三条："野生动物资源属于国家所有。国家保障依法从事野生动物科学研究、人工繁育等保护及相关活动的组织和个人的合法权益。"第四条："国家加强重要生态系统保护和修复，对野生动物实行保护优先、规范利用、严格监管的原则，鼓励和支持开展野生动物科学研究与应用，秉持生态文明理念，推动绿色发展。"

自然探秘之 **鸟类**

## 第三课

## 空中旅行家
## ——燕子

第三课　空中旅行家——燕子

### 燕子档案

# 燕子

绘图：彭烨

**形态特征：**

燕子体形小，翅尖窄，凹尾短喙，足弱小，羽毛不算太多。羽衣单色，或有带金属光泽的蓝或绿色；大多数种类两性都很相似。古时把燕子叫作玄鸟。

**种类：**

据统计，世界上的燕子种类有 75 种之多，中国有 4 属、10 种，其中以家燕和金腰燕等比较常见。家燕前腰栗红色，后胸有不整齐横带，腹部为乳白色。金腰燕体形似家燕，但稍大些。此种燕腰部栗黄，非常明显夺目，下半身有细小黑纹，易与家燕相区别。其习性亦与家燕相似，但大都栖息于山地村落间。

**生活习性：**

冬季，温带地区的食物供应大为减少，因而许多品种的燕子需要进行迁徙。但与其他大部分雀形目候鸟不同的是，燕子在昼间迁徙，而且为低空飞行。

**食物：**

燕子每天要消耗大量时间在空中捕捉害虫，是最灵活的雀形目之一，主要以蚊、蝇等昆虫为主食，是众所周知的益鸟。

## 知识窗

### 空中旅行家——燕子

"紫燕衔泥,黄莺唤友,可人春色暄晴昼。"燕子是春天的使者,每年春暖花开的时候,它们都会从南方飞到北方,在这里组建自己的家庭,孵卵、哺育后代,繁忙地穿梭觅食,把春光点缀得更加美丽。

我们都知道,燕子会去南方过冬,那么这个南方到底是哪里呢?是不是我国的南方呢?小朋友,听后你会大吃一惊。曾经有一个专业的团队,在北京雨燕的身上放了一个微型定位器来跟踪它们的迁徙过程,它们先是飞往河北、内蒙古,然后穿越新疆到了中亚,再南下穿越伊朗,穿过沙特阿拉伯,越过红海,到达非洲,最后沿着非洲大陆一路南下,到达纳米比亚和南非。它们全程跨越了亚洲和非洲两个大陆,距离长达2.5万千米,历时三个多月。大自然的神奇之处,就在于有太多的未知。一只体长只有13~18厘米的小小的燕子,每年能够长途迁徙上万千米而不迷路,被称为空中旅行家。大家一定很好奇吧,每一年都不辞辛苦飞回来的燕子,每一次都可以正确地找到自己曾经搭建的家,它们究竟是怎么做到的呢?

## 第三课　空中旅行家——燕子

大自然是燕子飞行的天然指南针。白天，燕子利用太阳的位置辨别方向，到了夜间，它们会根据天体星辰确定飞行方向。

在往返南北栖息地的过程中，山川地貌的特征基本不会发生变化，这为它们的迁徙提供了地域性的坐标，从而帮它们推定大概方向。

研究表明，鸟类对气味非常敏锐，对气味的感知也是鸟类捕食的重要手段。在迁徙的过程中，鸟类可以通过对大气中气味的辨别确定迁徙的方向。

燕子具有磁场感知能力，相当于罗盘一样的辨别力，从而为它们方向的辨别提供了必要的定位帮助。

小朋友，是不是觉得很神奇呢？它们就好像在外拼搏的人们一样，不停地努力奋斗，就是为了等到有一天，回到那个最熟悉、最温暖的地方。

## 自然探秘之鸟类

### 实践坊

**动手做一做**

制作名称：燕子窝

材　　料：干稻草

制作步骤：

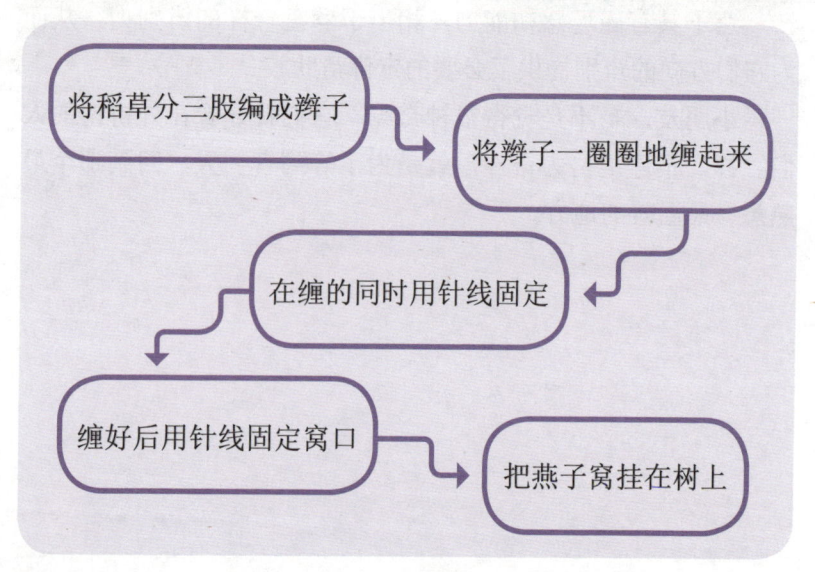

将稻草分三股编成辫子 → 将辫子一圈圈地缠起来 → 在缠的同时用针线固定 → 缠好后用针线固定窝口 → 把燕子窝挂在树上

第三课　空中旅行家——燕子

## 科技园

### 燕子科学

鸟给人的启示是众所周知的，鸟类启迪人的智慧，为人类探求理想的技术装备提供了借鉴。科学家从燕子身上得到启发，发明了飞机；设计师从燕子身上得到启发，发明了燕尾服。

小朋友，你得到了哪些启发？
发挥想象，写一写、画一画吧。

## 美文欣赏

小朋友，从古至今，有许多赞美燕子的美文、诗句，让我们一起来欣赏一下吧！

一身乌黑的羽毛，一对轻快有力的翅膀，加上剪刀似的尾巴，凑成了那样活泼可爱的小燕子。

——郑振铎《燕子》

### 双燕

杜甫

旅食惊双燕，衔泥入此堂。
应同避燥湿，且复过炎凉。
养子风尘际，来时道路长。
今秋天地在，吾亦离殊方。

### 归燕

杜牧

画堂歌舞喧喧地，社去社来人不看。
长是江楼使君伴，黄昏犹待倚阑干。

第三课 空中旅行家——燕子

## 交流园

小朋友,欣赏了这么多美文,你也来创编一下吧!

《_____》 作者:_____

## 法博士

《中华人民共和国野生动物保护法》第一章总则第八条:"各级人民政府应当加强野生动物保护的宣传教育和科学知识普及工作,鼓励和支持基层群众性自治组织、社会组织、企业事业单位、志愿者开展野生动物保护法律法规、生态保护等知识的宣传活动;组织开展对相关从业人员法律法规和专业知识培训;依法公开野生动物保护和管理信息。"

自然探秘之 鸟类

第四课

传递消息的使者
——鸽子

第四课　传递消息的使者——鸽子

## 鸽子档案

### 鸽 子

绘图：彭烨

鸽子是一种十分常见的鸟。小朋友，我们平常所说的鸽子只是鸽属中的一种，而且是家鸽。

家鸽中最常见的是信鸽，主要用于通信和竞翔。鸽子和人类伴居已经有上千年的历史了，考古学家发现的第一幅鸽子图像，来自公元前3 000年的美索不达米亚，也就是现在的伊拉克。

**叫声特点：**
鸽子喜欢发出欢快的"咕咕咕"的叫声。

**生活习性：**
鸽子的活动特点是白天活动，晚间归巢栖息。

鸽子具有很强的记忆力，对经常照料它的人，能够很快与之亲近，并熟记不忘。

**食物：**
鸽子以植物性食料为食，主要有玉米、麦子、豆类等，一般不吃虫子等肉食。

**导航能力：**
鸽子是飞行高手，有绝佳的导航能力，就算离家很远、环境陌生，也能够找到回家的方向。

## 自然探秘之 鸟类

### 知 识 窗

# 传递消息的使者——鸽子

鸽子是一种十分常见的鸟,善于飞行,小巧玲珑,羽毛颜色有瓦灰、青、白、黑、绿、红等,非常惹人喜欢,在世界各地被广泛饲养。

人们对鸽子品种的统计不尽相同。据《动物世界大百科》介绍,地球上的鸽子有5个种群,250种,主要分为野鸽和家鸽两种。其中野鸽主要有雪鸽、岩鸽、北美旅行鸽、斑尾林鸽和斑鸠等,斑尾林鸽还是国家二级保护动物呢。

野鸽比较善于飞行,并且有很强的记忆力,即使飞得很远,也可以原路返回。古时候交通不发达,就用鸽子来传递紧急信息。古罗马人很早就已经知道鸽子具有归巢的本能,在体育竞赛开幕式或闭幕式时,通常放飞鸽子以示庆典和宣布胜利。古埃及的渔民,每次出海捕鱼多带有鸽子,以便传递求救信号和渔汛消息。非洲商业船队也将鸽子带在船上作为海运帮手,会放出鸽子通知岸上轮船到达的消息。相传我国楚汉相争时,被项羽追击而藏身废井中的刘邦,因放出一只鸽子求援而获救。五代后周王仁裕在《开元天宝遗事》中辟有"传书鸽"章节,书中称:"张九龄少年时,家养群鸽,每与亲知书信往来,只以书系鸽足上,依所教之处,飞往投之。九龄目之为飞奴。时人无不爱讶。"

## 第四课　传递消息的使者——鸽子

那么为什么大家都用信鸽送信，而不用别的鸟类呢？

信鸽可以飞行很远的路程，它的飞行速度很快，记忆力和视力都非常好，而且信鸽自身具备一种与众不同的本领。在信鸽的两眼之间有一块凸起的地方，这块地方具有特异功能，可以测量到地球磁场的变化，正是这项本领让它们能够准确无误地找到回家的路。信鸽还有一种非常恋家的习性，叫作恋巢性。信鸽无论飞到多远的地方，都想要回到自己的巢穴去，所以其成了人们首选的传递消息的使者。

那么是不是所有的鸽子都会送信呢？不然，只有经过训练的信鸽才可以做到。既然信鸽是需要经过训练才可以拥有送信的本事，那么怎么训练鸽子送信呢？让信鸽送信，不可能真的像电视剧中演的那样，想让它飞到哪里去，它就飞到哪里去；想让它把信送给谁，它就会送给谁，那是神话故事，并不是真实情况。事实上是这样的，训练一只信鸽需要从小做起，有两种办法比较普遍。第一种是将信鸽自小喂养在同一个地方，在某一天带它到别的地方去放飞，让它自己飞回巢穴里去。训练的放飞地点由近至远，慢慢地增加距离，信鸽的能力也会越来越强。第二种是在 A 地喂食信鸽，但是晚上它要休息的时候，却把它放到 B 地去，经过这样的长期训练以后，信鸽就会轻松自如地往返两地送信了。

自然探秘之**鸟类**

**实 践 坊**

## 寻访北戴河鸽子窝公园

第四课　传递消息的使者——鸽子

## 鸽子窝寻访路线

动手画一画

自然探秘之 鸟类

# 寻访留影

第四课　传递消息的使者——鸽子

## 小百科

### 鸽子认路的秘密

科学家的行为试验证实了鸽子具有磁性感知能力,就像简易的磁性罗盘,这说明鸽子(也许还有其他鸟类)和海龟一样,是利用地球磁场进行导航的。美国北卡罗来纳大学的生物学专家卡杜拉·诺拉博士说:"关于鸽子能够识途的能力有两种主要的理论:一种是鸽子靠嗅觉找到回家的路;另一种是在它们的脑中有一个磁力图。我们的工作有力地支持了后一种理论。当然,这一理论还需进一步证明。"诺拉说,在实验中,如果鸽子准确地找到设在隧道一样的房间里的两个平台,它们就会得到食物奖励。在正常的条件下,它们会随便飞到两个平台中的任何一个上寻找吃的。但当在放有食物的平台上面和下面都放上马蹄磁铁对它们进行诱导时,这些鸽子就会准确地找到食物,准确率达到75%。这比它们随意寻找食物的准确率高很多。

## 法博士

《中华人民共和国野生动物保护法》第三章第二十四条:"禁止使用毒药、爆炸物、电击或者电子诱捕装置以及猎套、猎夹、捕鸟网、地枪、排铳等工具进行猎捕,禁止使用夜间照明行猎、歼灭性围猎、捣毁巢穴、火攻、烟熏、网捕等方法进行猎捕,但因物种保护、科学研究确需网捕、电子诱捕以及植保作业等除外。"

# 第五课

## 优秀的建造师——喜鹊

第五课　优秀的建造师——喜鹊

## 喜鹊档案

绘图：彭烨

**形态特征：**

喜鹊体长40~50厘米，雌雄羽色相似，头、颈、背至尾均为黑色，并自前往后分别呈现紫色、绿蓝色、绿色等光泽，双翅黑色而在翼肩有一块白斑。

**栖息地：**

喜鹊的栖息地多样，常出没于人类活动地区，喜欢将巢筑在民宅旁的大树上。

**食物：**

喜鹊属于杂食性动物，在旷野和田间觅食，繁殖期捕食昆虫、蛙类等小型动物，也盗食其他鸟类的卵和雏鸟，兼食瓜果、谷物、植物种子等。

自然探秘之 鸟类

## 喜鹊图集

## 知识窗

## 优秀的建造师——喜鹊

喜鹊是我们最常见的一种鸟类，不论是在山区还是平原都能看到它们的身影。它们常常出没于人类生活的地方，喜欢将巢筑在民宅旁的大树上。而且人类活动越多的地方，喜鹊种群的数量往往也越多，在人迹罕至的密林中反而很难见到它们的身影。

喜鹊筑巢并不是一件简单的事，对它们来说异常辛苦，就像居民自己建一栋小楼房似的。寒冬11—12月，喜鹊便开始衔枝营巢。它们通常会把鹊巢建在松树、杨树、榆树、柳树等高大乔木上，营巢由雌雄鸟共同承担。造巢的起初，喜鹊先在三根树杈的支点上堆积巢底，之后它们要四处寻找尺余长、筷子粗细的小树枝，既不能是朽木，更不能是湿木。由于鹊巢所用的枝条粗大，有的刚能勉强衔起飞行，雌鹊体力似难以胜任，大多由雄鹊负担运输。喜鹊的体重只有那么点大，口中衔着小树枝负重飞行，全靠一双翅膀，可想而知，这要用多大的力量、靠多顽强的毅力才能完成啊。待铺到相当面积时，喜鹊便站在中央沿四周垒起围墙，搭横梁，封盖巢顶。巢顶为弧面，罩着窝的三分之二的大小，窝顶端的入口向东。这样的窝可防风，还能遮住一些雨露，防止枯树枝砸撞。历时半个多月后，喜鹊筑好了巢，它们又开始衔一些山上的干茅草，厚厚地在窝里铺一层。雀巢虽然由枯树枝构成，远看似一堆乱枝，实则非常精巧，它们选的往往是四周最宜居的树杈，粗壮牢固，居高临下。它们搭建的树枝交错，咬合紧密，浑然一体。读到这儿，小朋友，你是不是也很佩服喜鹊这个优秀的建造师啊！

喜鹊自古以来就深受人们喜爱，是好运与福气的象征，喜鹊叫，喜事到。在我国民间还有很多关于喜鹊的传说呢，我们一起来看一下吧！

**喜鹊报喜：**

传说贞观末期有个叫黎景逸的人，他常喂食自家门前的喜鹊，长久下来，人鸟有了感情。后黎景逸被冤枉入狱，倍感痛苦，突然一天他喂食的那只喜鹊停在狱窗前欢叫不停。他暗自想大约有好消息要来了。果然，三天后他被无罪释放。后来人们才知道，喜鹊不但亲自到狱楼上去传好消息，还化身为人传圣旨，帮助恩人脱难。由此，"喜鹊能够报喜"这一说法便在民间流传开来。

**鹊桥相会：**

传说在很久很久以前，有一个叫牛郎的孤儿，随哥哥嫂子生活，嫂子对他不好，给了他九头牛却让他领十头回来，否则永远不要回来。沮丧之时，牛郎得到高人指点，在山上发现了一头生病的老牛，他悉心照料，才得知老牛原来是天上的金牛星被打下凡间，于是牛郎便将其领回家。后来得到老牛指点，牛郎与下凡的仙女织女相识，坠入爱河，后生育有龙凤胎。但由于触犯天规，织女被带回天界。老牛告诉牛郎，它死之后将它的皮做成鞋穿上就可以腾云驾雾。后来牛郎终于上了天界，眼看就要和织女团聚，却被王母娘娘用头上银簪所划出的银河

### 第五课　优秀的建造师——喜鹊

拦住了去路。天上的喜鹊被他们的爱情感动了,化作"鹊桥",牛郎织女终于团聚。王母娘娘也被他们的爱情感动,下令每年农历七月初七,两人可在鹊桥相会。

小朋友,关于喜鹊的传说还有很多,有兴趣的话你可以通过阅读书籍、上网查找资料等方式去了解,并讲给身边的小伙伴听!

自然探秘之鸟类

## 交流园

小朋友，通过观察，说说你了解到的喜鹊吧！

_____

_____

_____

小朋友，请将你观察到的喜鹊画出来吧！

第五课　**优秀的建造师——喜鹊**

## 实践坊

### 我的观鸟日记

题目：_____

____年__月__日　天气：____　地点：_____

_____
_____
_____
_____

## 法博士

《中华人民共和国环境保护法》第三章第三十八条："公民应当遵守环境保护法律法规，配合实施环境保护措施，按照规定对生活废弃物进行分类放置，减少日常生活对环境造成的损害。"

## 第六课

# 黑夜守护者
# ——猫头鹰

第六课　**黑夜守护者——猫头鹰**

## 猫头鹰档案

# 猫 头 鹰

绘图：彭烨

在众多的鸟类之中，有一种鸟没有看到过日出日落，也不曾在阳光下翱翔，而是默默地守护在黑夜中。它是老鼠的天敌，保护着森林的安全。它就是——鸮（xiāo），俗称猫头鹰。

猫头鹰最吸引人的是它的两颗像夜明珠一样圆圆的、炯炯发光的眼睛。其眼周围的羽毛呈辐射状，排列成圆盘形，配上头两侧尖尖的耳朵，整个头部与猫极其相似。

**种类：**

猫头鹰是现存的全世界分布最广的鸟类之一。除了南极洲以外，世界各地都可以见到猫头鹰的踪影。猫头鹰大多栖息于树上，部分种类栖息于岩石间和草地上。我国常见的猫头鹰种类有雕鸮、鸺鹠（xiūliú）、长耳鸮和短耳鸮等，它们都属于国家二级保护动物。

**生活习性：**

猫头鹰的听觉非常灵敏，在伸手不见五指的黑暗环境中，其听觉起着主要的定位作用，它能根据猎物移动时产生的响动不断调整攻击方向。同时猫头鹰的羽毛十分柔软，翅膀上有天鹅绒般密生的羽绒，它飞行时产生的声波频率小于1 000赫兹，一般哺乳动物的耳朵几乎是感觉不到这种"无声状态"的，这样无声的出击使猫头鹰的进攻更有"闪电战"的效果。

自然探秘之**鸟类**

**知 识 窗**

## 黑夜守护者——猫头鹰

猫头鹰是鸮形目鸟类的统称,大概有 100 多种,分布在除南极洲以外的其他大陆。它是一种神奇的鸟。在我国民间,有"夜猫子进宅,无事不来""不怕夜猫子叫,就怕夜猫子笑"等俗语,常把猫头鹰当作"不祥之鸟",称其为逐魂鸟、报丧鸟等,认为它是厄运和死亡的象征。

这是人们对猫头鹰的误解,产生这些看法主要是由于绝大多数猫头鹰是夜行性动物,昼伏夜出,白天隐匿于树丛、岩穴或屋檐中不易见到,因为它们一旦在白天活动,就像喝醉酒了一样,飞行颠簸不定。由于在夜间活动,猫头鹰飞行时像幽灵一样飘忽无声,常常只见黑影一闪,而且它在黑夜中的叫声让人觉得阴森凄凉,也使对其行为不了解的人们很容易产生种种可怕的联想。

其实在希腊神话中,智慧女神雅典娜的爱鸟是一只小鸮(猫头鹰),因而古希腊人把猫头鹰尊为雅典娜的代表、智慧的象征,这就好比宙斯的鹰、赫拉的孔雀、波塞冬的马一样。

虽然我国民间对猫头鹰有很多误解,但猫头鹰对人类而言,却是益鸟。因为猫头鹰是出了名的捕捉田鼠的能手。鼠类是臭名昭著的偷粮贼,它们不仅在居民区和仓库里行窃,还成群结队地在农田中偷粮。这时猫头鹰便化身田园卫士,在黑暗中,

第六课　**黑夜守护者——猫头鹰**

它们的视力比人的视力要高出三倍。不过，猫头鹰的眼睛不会左右转动，它们要想转动就得连头一起转。所以它们的头颈十分灵活，可以转动270°，这是别的动物无法相比的。

　　猫头鹰有着敏锐的听力，能听到森林中发出的哪怕是极微弱的响声，老鼠只要一动就会被猫头鹰发现。猫头鹰的翅膀上长着一层带缘缨状边缘的羽毛，这些羽毛吞没了它们在飞行中拍打翅膀发出的声音，使得猫头鹰能够悄无声息地穿过夜幕笼罩的大森林。尖锐的爪子、矫捷的身手，使其成为一个无声的杀手。猫头鹰是捕鼠健将，一只猫头鹰年均捕食田鼠可达千只以上。猫头鹰对鼠类十分仇恨，即使它们已经吃得很饱，一旦发现老鼠，仍要奋力追捕，宁可杀死后抛弃，也不让老鼠"逍遥法外"，的确是劳苦功高啊！

　　说到这儿，你是不是对猫头鹰的看法有所改观了呢？其实猫头鹰不仅能为人类保护粮食，而且能促使人们在种植粮食时减少农药的使用，这样既能够节约成本，又可以保护环境。现在越来越多的爱鸟人士都加入了保护猫头鹰的行列中来！

自然探秘之**鸟类**

## 小 百 科

### 猫头鹰与仿生学

　　动物和人有着千丝万缕的联系，仿生学就是人类利用从动物身上获取的灵感进行发明创造的一门先进科学。

　　猫头鹰的眼球呈管状，有人把猫头鹰的眼睛形容成一架微型的望远镜。在猫头鹰眼睛的视网膜上有极其丰富的柱状细胞。柱状细胞能感受外界的光信号，因此猫头鹰的眼睛能够察觉极微弱的光亮。

　　人类根据猫头鹰眼睛的特点发明了微光夜视仪。微光夜视仪本身不需要主动光源，是一种被动式成像系统，因此，它克服了主动式红外夜视仪容易自我暴露的缺点，适合用于自然观察、夜间工作等。

## 第六课　黑夜守护者——猫头鹰

同学们，经过调查研究活动，你一定收获了不少关于猫头鹰的知识，也了解到了猫头鹰与我们的生活息息相关。请用你喜欢的方式，走进森林生态馆，走进社区，以"我是小小猫头鹰"为主题开展天使讲堂和社区宣讲的宣传活动吧。

同学们参加翼展鸟类救助中心的猫头鹰放飞活动

自然探秘之**鸟类**

## 实 践 坊

创意陶,简单又有趣,让我们一起用陶泥来制作一只猫头鹰吧。

第六课　黑夜守护者——猫头鹰

## 作品展示

### 法博士

《中华人民共和国野生动物保护法》第三章第三十三条:"禁止网络平台、商品交易市场、餐饮场所等,为违法出售、购买、食用及利用野生动物及其制品或者禁止使用的猎捕工具提供展示、交易、消费服务。"

自然探秘之 **鸟类**

## 第七课

## 高傲且优雅的鸟
## ——丹顶鹤

# 第七课　高傲且优雅的鸟——丹顶鹤

## 丹顶鹤档案

# 丹 顶 鹤

绘图：彭烨

**形态特征：**

丹顶鹤体长 120~160 厘米。颈、脚较长，通体大多白色，头顶鲜红色，喉和颈黑色，耳至头枕白色，脚黑色。幼鸟头、颈棕褐色，体羽白色而缀栗色。

**分布：**

丹顶鹤分布于中国东北、蒙古东部、俄罗斯乌苏里江东岸、朝鲜、韩国和日本北海道。

**生活习性：**

丹顶鹤常成对或成家族群和小群活动。在迁徙季节和冬季，丹顶鹤常由数个或数十个家族群结成较大的群体。夜间多栖息于四周环水的浅滩上或苇塘边。觅食或休息时，常有一只成鸟特别警觉，不断抬头四外张望，发现危险时则发出"ko-lo-lo-"的叫声，提醒伙伴。

**食物：**

丹顶鹤主要以鱼、虾、水生昆虫、软体动物、蝌蚪、沙蚕、蛤蜊、钉螺以及水生植物的茎、叶、块根、球茎和果实等为食。

自然探秘之 鸟类

## 知 识 窗

## 高傲且优雅的鸟——丹顶鹤

  优雅的丹顶鹤从古至今一直是人们的挚爱。在古代，丹顶鹤一直就是祥瑞的象征，人们总是把神仙和丹顶鹤联系在一起，认为丹顶鹤是很多仙人的坐骑，而在很多画作中丹顶鹤也是长寿和吉祥的象征，成为一种美好的艺术形象。而今丹顶鹤也是很多摄影爱好者们追逐拍摄的对象。

  丹顶鹤是鹤类的一种，大型涉禽，特征明显，极易识别。它号称动物界的社会名流，高挑的身材、匀称的体态、高贵的气质，使得每一只丹顶鹤都是一道亮丽的风景线，优雅而又迷人。当丹顶鹤展开美丽的双翅，翩翩起舞的时候，那修长的双腿，那优雅的舞姿，就像是杰出的"芭蕾舞大师"一样，举止潇洒，神采飘逸。这种情景让我们想起了刘禹锡的诗句："晴空一鹤排云上，便引诗情到碧霄。"

  丹顶鹤是国家一级重点保护动物，是世界上珍贵的鸟类。目前其数量稀少，全世界大概有1 200只，其中我国有670多只，属世界濒危动物。

  有这样一个保护丹顶鹤的真实故事。有一个女孩，她从小帮着父亲喂小丹顶鹤，潜移默化中也爱上了丹顶鹤。她在大学毕业以后，仍选择了饲养丹顶鹤的工作。有一天，她为救那只受伤的丹顶鹤，滑进了沼泽地，再也没有上来……这个女孩叫徐秀娟。

第七课　　高傲且优雅的鸟——丹顶鹤

　　盐城自然保护区是丹顶鹤的主要越冬地,如果能在那里建立一个不迁徙的丹顶鹤野外种群,将是保护濒临绝迹的丹顶鹤种群的一个重要突破。徐秀娟大学毕业后,含泪挥别亲人,留在了盐城自然保护区工作。

　　有一天,平常规律性很强的两只丹顶鹤在天黑之时没有按时归巢。因为害怕它们发生意外,不敢大意的徐秀娟找了它们两天两夜。可谁又能想到,她却在寻找它们的过程中,滑进了沼泽地,再也没上来……徐秀娟就这样深深沉入了复堆河底,再也没有回到她亲爱的丹顶鹤身边。据说,当第二天村民们从河中打捞出徐秀娟的遗体时,两只丹顶鹤徘徊在她的身边,不停地低下戴着红冠的头,用长长的尖喙整理着她湿淋淋的衣服。据说,那年清明,一群丹顶鹤行将横空北上时,在徐秀娟墓前久久盘旋……

　　徐秀娟牺牲后被追认为烈士。她的故事被写成了《一个真实的故事》这首歌。而如今,徐秀娟一家对丹顶鹤的守护从未间断,一直在继续。1997 年,徐秀娟的弟弟徐建峰,继承着父亲和姐姐的信念,退伍转业后放弃了国企的工作,在扎龙保护区继续做着守护丹顶鹤的工作,一干就是 18 年。然而不幸再次降临,2014 年 4 月,一个鹤巢中的小鹤马上就要破壳,徐建峰只身前往看护。几天后,他和姐姐一样,倒在了沼泽地里再也没能起来……那一年，徐建峰47岁。更让人感动的是，同年，徐建峰的女儿徐卓，在大学毅然决然地换了专业，转到了野生动物专业，承袭了父亲的遗志，成为徐家第三代养鹤人。一首歌，被传唱了30年，可谁又能想到，它背后的故事竟然如此感人肺腑，让人不禁潸然泪下。

听丹顶鹤高亢、洪亮的叫声，看丹顶鹤翩跹起舞的身姿，这是用生命诠释而来的信仰，这是生命光彩的绽放。在这种精神的感召下，愿我们每个人都行动起来，为我们美丽的家园贡献自己力所能及的力量！

第七课　高傲且优雅的鸟——丹顶鹤

## 实践坊

### 保护丹顶鹤在行动

小朋友，让我们行动起来，共同加入保护丹顶鹤和其他野生鸟类的行列中来吧。你们有哪些好办法呢？

> 可以写保护鸟类倡议书，发出倡议让大家行动起来。

> 可以制作保护鸟类的宣传牌。

**小朋友，快快行动起来吧！**

自然探秘之 **鸟类**

## 我设计的保护鸟类广告牌

## 第七课　高傲且优雅的鸟——丹顶鹤

小朋友，经过调查研究活动，你一定了解了不少关于丹顶鹤的知识，也知道了保护鸟类的重要性，让我们用真心、真情写下一份倡议书，小手拉大手，带动身边的人一起加入保护鸟类、维护生态平衡的行列中来吧！

**保护丹顶鹤倡议书**

## 自然探秘之 鸟类

### 丹顶鹤图集

### 法博士

《中华人民共和国湿地保护法》第三章第三十条："禁止在以水鸟为保护对象的自然保护地及其他重要栖息地从事捕鱼、挖捕底栖生物、捡拾鸟蛋、破坏鸟巢等危及水鸟生存、繁衍的活动。开展观鸟、科学研究以及科普活动等应当保持安全距离，避免影响鸟类正常觅食和繁殖。"

第七课　高傲且优雅的鸟——丹顶鹤

**研 学 故 事**

## 救助丹顶鹤的故事

**01**

秦皇岛海边有一处非常美丽的小岛——仙螺岛，每年吸引着国内外无数的游客。可是这天岸边的人们发现了不对劲：有两只"大鸟"一直在海面上漂浮，好像丧失了飞行的能力。

热心市民拨通了110，秦皇岛市南戴河海防派出所的民警孙洪磊、宋译迅速到达现场，经过现场对比发现两只被困海面的"大鸟"竟然是国家一级保护动物丹顶鹤！丹顶鹤被世界自然保护联盟列为濒危物种，在我国野外现存的丹顶鹤仅仅有几百只，属于极其珍稀的濒危野生动物。此时，丹顶鹤在距离海岸较远的海面漂浮着，直接过去救援不现实，所以两位民警在与相关人员沟通的同时，也在寻找救援的时机，其间民警孙洪磊也曾尝试下水救援，但是由于野生丹顶鹤的警惕性，都没能成功。

正值春天，海水的温度很低，尤其是天色渐渐昏暗了下来，施救难度越来越大。若是一直任由丹顶鹤留在海水中，恐怕会出现意外。于是两位民警经过商议，最终决定趁着天黑，悄悄下水接近丹顶鹤。直到晚上九点半，两位民警瞅准时机，果断下水成功将两只丹顶鹤救援上岸，并且火速送到了办公室进行保暖、喂食等一系列急救措施。

## 02

次日清早,两位民警就联系了秦皇岛市鸟类收容救助站。救助站将丹顶鹤接回后,对其进行了一系列的健康检查,保证其健康。

"这两只丹顶鹤非常幸运,遇到了好心市民和有责任心的民警,及时获救。通过X光排除了外伤和内伤,检查报告显示无大碍。据我们分析,它们是在迁徙过程中生病掉队了,体力不支落入大海。下一步我们将给它们补充营养,进行全面救助,在这里适应一段时间后,待它们身体恢复,尽快放飞。"秦皇岛鸟类收容救助站的工作人员说。

秦皇岛市鸟类收容救助站站长李军看着面前这两只还有些惊慌失措的丹顶鹤,心里无比庆幸。根据民警讲述的情况,若不是救助及时,两只丹顶鹤怕是就危险了。

初来乍到的丹顶鹤紧张地打量着周围的环境,面对已经在野放适应区生活了一阵的黑天鹅、东方白鹳等动物,它们显得更加拘束,就连工作人员准备的丰盛大餐都不敢去吃。

经过工作人员耐心地引导,丹顶鹤们这才放心地大快朵颐,到后来不仅不抗拒投喂,甚至还会在工作人员路过的时候发出欢快的鸣叫,提醒工作人员千万别忘记它们的大餐!

第七课　高傲且优雅的鸟——丹顶鹤

**03**

春秋季节是鸟类迁徙的季节，许多鸟类会在迁徙的途中遭遇天气恶劣、食物短缺、体力不支等意外，导致它们受伤或者掉队。小朋友们如果发现受伤的野生鸟类一定要保护好自己，轻易不要触摸野生鸟类，因为受伤的野生动物有着极强的攻击性，要防止被抓伤或者咬伤，而且野生动物还是某些病菌的携带者，这类病原很可能传染给人类、家畜等。

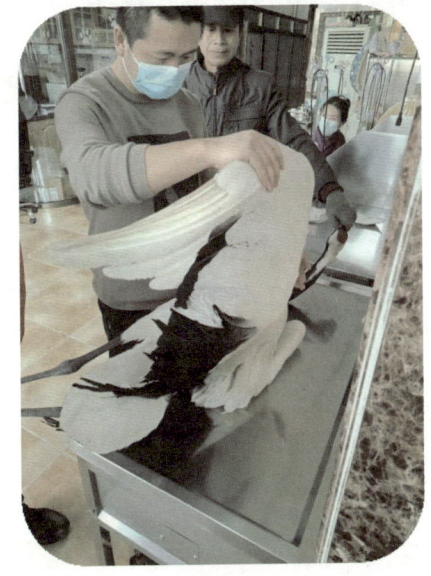

59

自然探秘之**鸟类**

## 研学目标

1. 了解丹顶鹤的生活习性与基本资料。

2. 思考为什么丹顶鹤濒临灭绝，却还可以在中国繁衍生息。

3. 请结合你所学到的野生动物保护知识，补充故事结尾最后一段内容。

## 研学问题

1. 学习资料后，你是如何看待民警救援丹顶鹤的过程的？

2. 你所知道的跟丹顶鹤有关的典故或文学作品有哪些（可以查阅资料）？

3. 假如是你遇见了被困在海里的丹顶鹤，你会如何做？

## 第七课　高傲且优雅的鸟——丹顶鹤

### 研学建议

1. 仔细阅读资料内容与相关提示，了解丹顶鹤救助流程。
2. 实地观摩丹顶鹤的生活，了解它们的习性与现状。
3. 请结合救助丹顶鹤的故事，模拟演练，以小组为单位进行展示。

### 预期成果

1. 小组成员掌握正确的野生动物救助流程，并且完成模拟演练、拍摄成短视频等。
2. 创作与丹顶鹤有关的文字作品，如课本剧、诗歌、手抄报等。

## 第八课

## 大自然的清道夫
## ——秃鹫

第八课  大自然的清道夫——秃鹫

## 秃鹫档案

### 秃鹫

绘图：彭烨

**形态特征：**

秃鹫是鹰科，秃鹫属的大型猛禽，体长108~120厘米。通体黑褐色，头裸出，仅被有短的黑褐色绒羽，后颈完全裸出无羽，颈基部被有长的黑色或淡褐白色羽簇形成的皱翎。幼鸟比成鸟体色淡，头更裸露，亦容易识别。

**主要栖息地：**

秃鹫主要栖息于低山丘陵，高山荒原与森林中的荒岩草地、山谷溪流、林缘地带，常单独活动，在食物丰富的地方偶尔也成小群。

**食物：**

秃鹫主要以大型动物的尸体为食，经常攻击中小型兽类、两栖类、爬行类和鸟类，有时也袭击家畜。

自然探秘之 **鸟类**

### 秃鹫图集

第八课　大自然的清道夫——秃鹫

## 知识窗

## 大自然的清道夫——秃鹫

小朋友们，在家里吃饭的时候，爸爸、妈妈是不是会告诉你们要把盘子里的食物吃干净，不要浪费呢？你们是不是也是这样做的呢？但是在野外，捕食者并不会把猎物吃得干干净净，不过，你们不用担心，什么也不会浪费，会有其他动物打扫干净剩余的食物，或是将其分解为有机物，使其能够被其他生物继续利用，这些动物被叫作食腐动物。

食腐动物是以死亡的动物为食的，而不是靠捕杀和猎食活的猎物为生。它们可以吃捕食者吃剩下的残羹冷炙，也可以吃因为别的原因而死于非命的动物的尸体。秃鹫就是常见的食腐动物。

秃鹫是高原上体格最大的猛禽，为国家二级保护动物。它们张开两只翅膀后翼展有2米多长（大者可达3米以上）、约0.6米宽。

秃鹫脖子的基部长了一圈比较长的羽毛，就像是人们吃饭时用的餐巾一样，可以防止吃食物时弄脏身上的羽毛。

秃鹫的视力超常，像老鹰一样，它们在高空远远地注视着下面可能出现的食物。同伴之间也互相留意，当一只秃鹫向地面飞去，别的秃鹫就知道它发现了食物，于是都随之飞去。秃鹫在吃动物的尸体时，是非常小心谨慎的。哺乳动物在平原或草地上休息时，通常都聚集在一起。秃鹫掌握这一规律以后，就特别注意孤零零地躺在地上的动物。一旦发现目标，它们就会在空中盘旋观察，至少要两天左右。在这段时间里，假如动物仍然一动也不动，它们就会飞得低一点，近距离察看对方的腹部是否有起伏、眼睛是否在转动。倘若还是一点儿动静也没有，秃鹫便开始降落到尸体附近，悄无声息地向对方走去。这时候，它们会犹豫不决，既迫不及待想动手，又怕遭暗算。它们会张开嘴巴，伸长脖子，展开双翅随时准备起飞。如果还是没有动静，它们又会走近些，发出"咕喔"声，见对方毫无反应，就用嘴啄一下尸体，马上又跳开去。这时，它们会再一次察看尸体。对方仍然没有动静，秃鹫便放下心来，一下子扑到尸体上狼吞虎咽起来。一旦它们开始进食，便会将食物团团围住，这种阵势让其他竞争者望而却步。

由于秃鹫以腐尸为食，所以常常令人们敬而远之，甚至还主张捕杀它们，唯恐被传染上疾病。其实，尽管秃鹫总是吃腐烂的肉，但它们并不会食物中毒。因为秃鹫的体内能产生一些使病菌无法发挥作用的抗生素，所以它们可以吃掉因肉毒菌、霍乱或炭疽致死的动物。秃鹫是大自然中不折不扣的"清道夫"，它们吞食掉腐尸，可以大大减少动物界以及动物与人类之间，诸如鼠疫、炭疽病等疾病的传播。

然而，近年来全球秃鹫数量迅速下降，下降的原因有很多，包括铅和杀虫剂中毒、电线触电、食物缺乏和栖息地丧失等。秃鹫独特的生存习性为净化青藏高原生态环境、维护生态平衡作出了重要贡献。每年9月的第一个周六为国际秃鹫宣传日，旨在提高公众对秃鹫的保护意识。社会上也有很多爱鸟人士纷纷加入保护秃鹫的队伍中。

第八课　大自然的清道夫——秃鹫

## 研学故事

## 救助秃鹫的故事

救助中心这天来了一位"国际友人"——一只从俄罗斯飞越了数千里来到这里的秃鹫。彼时救助中心所有人的心都是悬着的，因为这只秃鹫的情况很差，甚至可以说生命垂危。

从前救助的鸟儿绝大多数都是外伤，而这只秃鹫不同，它被救助的原因是中毒。这可比外伤要难医治多了，由于病原一时间难以判断，救助的工作陷入了僵局。

此时，若是等待化验结果出来，怕是就错过了最佳的抢救时机。工作人员当机立断，凭借临床经验并结合现实情况分析后，断定这只秃鹫应该是食用了被老鼠药毒死的老鼠，从而导致的中毒。于是便按照治疗这类病情的方案，对秃鹫进行了治疗。经过紧张的抢救治疗，这只远道而来的秃鹫终于被工作人员从死神的手中抢救了回来。

经过一个月的养伤之后,秃鹫的身体已经恢复了健康。然而,在救助中心准备放生的时候,并没有像预期的那样顺利。这又是什么情况呢?

救助中心的工作人员曾尝试将秃鹫放归大自然,可是每一次,秃鹫都会扇动翅膀发出"咕咕咕"的叫声,似乎在向工作人员报告:"看,我又回来了!"它就像一个骄傲的孩子一样,就是不离开,所以三次放生都以失败告终。救助中心的工作人员都拿这只憨态可掬的秃鹫无可奈何。

后来,工作人员终于找到了原因。在基地工作人员的精心投喂下,这只秃鹫一天就要吃七八斤的食物。正常情况下,这类猛禽的体重一般不超过20千克。然而,这只秃鹫比正常成年秃鹫胖了一圈,体重超过了25千克。如此沉重的体重导致它无法飞行。为了避免长期笼养而失去野性,大家决定尽快将它放归自然。救助中心的工作人员制订了一项减肥计划。秃鹫的食谱被重新定制,每天的食物摄入量也被严格控制。此外,工作人员还带领着它去野外进行减肥训练,增加其运动量,帮助它复原肌肉记忆,以便它尽快恢复飞行能力。经过数月的饮食调整和体能训练,它的各项体征都恢复到了正常水平。终于到了放生的时刻。工作人员引导着秃鹫在野外滑翔,让它重返天空。大家都为成功放

## 第八课　大自然的清道夫——秃鹫

生了秃鹫感到欣慰。然而，在工作人员回到救助中心的时候，他们发现秃鹫又回来了。看到工作人员，它像个等待表扬的孩子一样兴奋地叫着，表现得非常开心。

由于它不愿离开，工作人员无奈地将其留在救助中心。它继续享受着被照顾的生活，秃鹫与救助中心的工作人员成了一家人。据工作人员说，待秃鹫恢复了野外生存的能力，还是要让它翱翔于蓝天之上，展翅飞翔。

自然探秘之 鸟类

### 研学目标

1. 了解秃鹫的生活习性与基本资料。
2. 思考为什么同样是秃鹫，在不同人的眼中评价却不一样。
3. 提升学员对于猛禽类救助流程的了解，模拟现实生活中发现猛禽应该如何去做。

### 研学问题

1. 学习完资料后，你是如何看待秃鹫的？
2. 你所知道的与秃鹫有关的典故或文学作品有哪些（可以查阅资料）？
3. 通过故事中的秃鹫中毒事件，你有什么思考？

## 第八课 大自然的清道夫——秃鹫

### 研学建议

1. 实地参观秃鹫的生活环境,了解它的生活习性。
2. 听工作人员讲述救助秃鹫的故事。
3. 搜集关于秃鹫的故事,分享给同伴。

### 预期成果

1. 小组成员掌握正确救助野生动物的流程。
2. 创作保护生态环境及野生动物的宣传标语和标牌。

自然探秘之**鸟类**

## 实践坊

孩子们,对于秃鹫,你们都想了解些什么?

听说秃鹫是猛禽的一种,成年秃鹫的翼展有多长呢?

我想亲眼看看秃鹫长什么样子。

秃鹫的生活习性是什么样的?

我的探究问题:_____

我的探究结果:_____

_____

_____

_____

第八课　大自然的清道夫——秃鹫

小伙伴们，快快来北戴河翼展鸟类救养中心一探究竟吧！这里有专业的鸟类救护工作人员，他们会带领我们解开谜团。

工作人员正在救护受伤的秃鹫。

经过治疗，现在秃鹫在救养中心快乐地生活着。

## 法博士

《中华人民共和国野生动物保护法》第一章第六条："任何组织和个人有保护野生动物及其栖息地的义务。禁止违法猎捕、运输、交易野生动物，禁止破坏野生动物栖息地……任何组织和个人有权举报违反本法的行为，接到举报的县级以上人民政府野生动物保护主管部门和其他有关部门应当及时依法处理。"

自然探秘之 鸟类

## 第九课

# 鸟中的君子
## ——白鹭

## 第九课　鸟中的君子——白鹭

### 白鹭档案

# 白　鹭

绘图：彭烨

**形态特征：**

白鹭为中型涉禽，体长50~70厘米。白鹭与牛背鹭的区别在于体型较大而纤瘦，嘴及腿黑色，趾黄色，繁殖羽纯白，颈背具细长饰羽，背及胸具蓑状羽，有大白鹭、中白鹭、小白鹭和黄嘴白鹭四种。

**栖息环境：**

白鹭栖息于沿海岛屿、海岸、海湾、河口及其沿海附近的江河、湖泊、水塘、溪流、水稻田和沼泽地带。单独、成对或集成小群活动的情况都能见到，偶尔也有数十只在一起的大群。白鹭白天多飞到海岸附近的溪流、江河、盐田和水稻田中活动和觅食。

**食物：**

白鹭主要以各种小型鱼类为食，也吃虾、蟹、蝌蚪和水生昆虫等食物。白鹭通常漫步在河边、盐田或水田地中，边走边啄食，它们的长嘴、长颈和长腿对于捕食水中的动物显得非常有利。捕食的时候，它们轻轻地涉水漫步向前，眼睛一刻不停地望着水里活动的小动物，然后突然用长嘴向水中猛地一啄，将食物准确地啄到嘴里。白鹭有时也常伫立于水边，伺机捕食过往的鱼类。

自然探秘之**鸟类**

### 知 识 窗

## 鸟中的君子——白鹭

每年四五月份,在观鸟胜地——秦皇岛的湿地中,会聚集大量的水鸟。远远看去,仿佛青天留白、春雪穿林。这些鸟儿或成群结队地翱翔天际,或栖息在湖畔的树枝上筑巢繁殖。这些身影中就有今天的主角——白鹭。

白鹭天生丽质,纤细、轻盈、矫健、修长,全身披着洁白如雪的羽毛,犹如白雪公主,是高贵与纯洁的象征。其因美丽的外形、优雅的姿态,深得人们的宠爱。白鹭每年4月和11月进行春秋两季的迁徙活动。

从古到今,文人雅士咏唱白鹭和借用白鹭来抒发自己人生感叹的诗词歌赋不胜枚举。《诗经·周颂》中就用"振鹭于飞,于彼西雍"来形容白鹭飞翔时的气势不凡。唐代杜甫的绝句"两个黄鹂鸣翠柳,一行白鹭上青天",更写出了古人对它的赞美,彰显出白鹭在国人心中的诗情画意。

中国拥有鹭科鸟禽20种,其中以白鹭属的最为珍贵。白鹭别名小白鹭、白鹭鸶、白翎鸶,属于鹭科白鹭属。白鹭,在科学意义上讲并非"一种"鹭属鸟类,而是四种通体皆白的鹭科鹭属鸟类的"集合体"。鹭科在全世界共有17属62种,其中中国有9属21种,秦皇岛可观赏到15种。它们是湿地生态系统中的重要指示物种。

白鹭休息时通常一脚站立于水中,另一脚曲缩于腹下,头

## 第九课　鸟中的君子——白鹭

缩至背上呈驼背状，长时间呆立不动；行走时步履轻盈、稳健，显得从容不迫；飞行时头往回收缩至肩背处，颈向下曲成袋状，两脚向后伸直，远远突出于短短的尾羽后面，两个宽大的翅膀缓慢地鼓动飞翔，十分优美。

白鹭的羽毛价值高，羽衣多为白色，繁殖季节有颀长的装饰性婚羽。习性与其他鹭类大致相似，有些种类求偶时表演，会炫示其羽毛。英语中 aigrette 一词亦指白鹭的羽毛。白鹭成大群营巢，又无防御能力，由于人类的滥捕而濒于绝灭。

白鹭是涉禽，常去沼泽地、湖泊、潮湿的森林和其他湿地环境，捕食浅水中的小鱼和两栖类、爬虫类、哺乳类、甲壳类动物。白鹭常在乔木或灌木上，或者在地面筑起凌乱的大巢。

1986年10月23日，厦门市第八届人民代表大会常务委员会第二十三次会议确定白鹭为厦门市市鸟。白鹭属鸟纲鹭科，为世界珍稀鸟类。2008年11月9日，济南市市鸟和吉祥动物的征集工作结束，最终认定白鹭为济南市市鸟。白鹭在济南极其常见，诗词中多有提及，它们适宜在泉城生长，体态轻盈修长，是环保、高雅的象征。

白鹭是美丽的，有人把天鹅比作雍容华贵的少妇，那么白鹭无疑是纯洁无瑕的少女；白鹭是善良的，成年的白鹭会每天把捕捉回来的鱼虾全部喂进幼鸟的嘴巴里；白鹭是勤劳的，春天来临它们会不远万里去异地他乡，搭窝、筑巢、产卵、孵鸟，传宗接代，秋天一到它们便带着一群羽翼丰满的儿女回归故里；白鹭也是挑剔的，只有那些山青水绿没有污染的环境，才是它们生活栖息的乐园。唐代诗人张志和笔下的《渔歌子》："西塞山前白鹭飞，桃花流水鳜鱼肥。青箬笠，绿蓑衣，斜风细雨不须归。"不正是白鹭与自然和谐之美的最好写照吗？

自然探秘之**鸟类**

## 实践坊

小学生们在鸽子窝湿地用望远镜观察白鹭

小学生们在鸟类科普基地了解白鹭

我们应该去大自然观察白鹭,了解白鹭更多的习性。

白鹭很常见,我们可以一起去博物馆寻找它们的足迹。

我们还可以参加到放飞活动中,感受救助鸟类的成就感。

## 第九课　鸟中的君子——白鹭

和小伙伴一起去鸽子窝湿地，寻找白鹭的身影，拍下它们的有趣瞬间吧。把拍到的照片贴在下方，然后和小伙伴们分享，注意标好具体位置哦！

## 自然探秘之**鸟类**

我们用相机记录了白鹭的生活瞬间,用望远镜观察它们的生活,是不是比把它们养在笼中更好呢?让我们将记录的美好瞬间画下来,共同参与到野生鸟类放飞的行动中,号召大家都来保护我们的鸟类朋友吧!

第九课 鸟中的君子——白鹭

## 美文欣赏

小朋友们,从古至今,有许多赞美白鹭的美文,让我们一起来欣赏一下吧!

### 白鹭

白鹭是一首精巧的诗。

色素的配合,身段的大小,一切都很适宜。

白鹤太大而嫌生硬,即使如粉红的朱鹭或灰色的苍鹭,也觉得大了一些,而且太不寻常了。

然而白鹭却因为它的常见,而被人忘却了它的美。

那雪白的蓑毛,那全身的流线型结构,那铁色的长喙,那青色的脚,增之一分则嫌长,减之一分则嫌短,素之一忽则嫌白,黛之一忽则嫌黑。

在清水田里,时有一只两只站着钓鱼,整个的田便成了一幅嵌在玻璃框里的画面。田的大小好像是有心人为白鹭设计的镜匣。

晴天的清晨,每每看见它孤独地站立于小树的绝顶,看来像是不安稳,而它却很悠然。这是别的鸟很难表现的一种嗜好。人们说它是在望哨,可它真是在望哨吗?

## 自然探秘之鸟类

黄昏的空中偶见白鹭的低飞,更是乡居生活中的一种恩惠。那是清澄的形象化,而且具有生命了。

或许有人会感到美中不足,白鹭不会唱歌。但是白鹭的本身不就是一首很优美的歌吗?

——不,歌未免太铿锵了。

白鹭实在是一首诗,一首韵在骨子里的散文诗。

郭沫若

### 法博士

《中华人民共和国野生动物保护法》第二章第十七条:"国家加强对野生动物遗传资源的保护,对濒危野生动物实施抢救性保护。国务院野生动物保护主管部门应当会同国务院有关部门制定有关野生动物遗传资源保护和利用规划,建立国家野生动物遗传资源基因库,对原产我国的珍贵、濒危野生动物遗传资源实行重点保护。"

# 第十课 海港清洁工——海鸥

## 海鸥档案

## 海鸥

绘图：彭烨

**形态特征：**

海鸥是一种中等体型的海鸟。体重394~586克，体长450~510毫米。寿命24年。成鸟夏羽：头、颈白色，背、肩石板灰色；翅上覆羽亦为石板灰色，与背同色；腰、尾上覆羽和尾羽均为纯白色。

**生活习性及食物：**

海鸥是候鸟，繁殖期主要栖息于北极苔原、森林苔原、荒漠、草地的河流、湖泊、水塘和沼泽中，冬季主要栖息于海岸、河口和港湾，成对或成小群活动或在空中飞翔。在海边和海港，海鸥成群地漂浮在水面上，游泳和觅食。海鸥以海滨小鱼、昆虫、软体动物、甲壳类以及耕地里的蠕虫和蛴螬等为食。

第十课　海港清洁工——海鸥

## 海鸥图集

## 知识窗

### 海港清洁工——海鸥

　　海鸥是最常见的海鸟,住在海边的小朋友应该不会陌生吧!"碧海群鱼跃,蓝天鸥鸟飞",美丽的海边吸引了成千盈百的海鸥,它们身姿健美,惹人喜爱,为海岸线增添了许多生趣。

　　经常到海边观看海鸥的小朋友,你们发现没有,海鸥喜欢追随海轮飞翔,是不是海轮上有什么神秘的东西在吸引着它们?是的,在海轮上空,有一股特殊的力,托住海鸥的身体,使它们不用扇动翅膀,也能毫不费力地在海上翱翔。但是支持海鸥飞行的这股力,不是你们想象的那么神秘,也不是轮船本身产生的,而是天空中的大气。

　　大气是怎样变成力,托住海鸥身体的呢?晴天大气非常平静,怎么会变成力呢?

　　因为空气流动形成了风。由于大气中的气温差异造成了空气团(风)的移动,尤其是在大海里,当空气团移动时,在途中遇上障碍物(如海面上的波浪、海轮和岛屿等)就会上升形成一股强大的气流。这股气流称为动力气流。海鸥展开双翅,巧妙地利用这股上升的气流托住身体,紧紧跟随着海轮翱翔。你们说,可爱的小海鸥是不是很聪明啊!而且海鸥的主要食物是鱼类。当海轮航行的时候,会在船尾激起一簇簇的水花,常常可以把海洋里的鱼翻打上来。这样跟着海轮的海鸥就可以不

## 第十课　海港清洁工——海鸥

费吹灰之力，享受到美味的小鱼啦。

海鸥的食性是比较杂的，除以鱼、虾、蟹、贝为食外，还以海滨昆虫、软体动物以及耕地里的蠕虫和蛴螬等为食，不仅如此，它们也是港口、码头、海湾、轮船的常客，它们爱拣食船上人们抛弃的"残羹剩饭"，把海边的垃圾啄食干净。如果你在海滩野餐，有食物剩下了怎么办？致力于维持海港卫生的海鸥同志们，会在发现的第一时间呼朋唤友把你吃剩的食物消耗干净。所以人们又给它们起了一个"海港清洁工"的绰号。

不仅如此，可爱的小海鸥还是海上航行安全的"预报员"。乘舰船在海上航行，常因不熟悉水域环境而触礁、搁浅，或因天气突然变化而发生海难事故。富有经验的海员都知道：海鸥常着落在浅滩、岩石或暗礁周围群飞鸣噪，这便向航海者发出了提防撞礁的信号；同时它们还有沿港口出入飞行的习性，每当航行迷途或大雾弥漫时，观察海鸥的飞行方向亦可作为寻找港口的依据。

现在，到海边喂海鸥，已经成为人们消遣的一种方式，但是人们肆意喂食海鸥的行为，一方面有可能引起海鸥的肠胃疾病；另一方面，海鸥毕竟是野生鸟类，这会让它们渐渐丧失野外捕食能力，一旦缺少人类投喂，它们会缺少应有的生存能力。所以小朋友们，来到海边，我们不要盲目地喂食它们，听听海鸥悦耳的叫声，欣赏它们在大海上自由翱翔的姿态，感受大自然带给我们的美好，不是更好吗？

## 自然探秘之鸟类

### 实 践 坊

同学们，海鸥矫健的身姿，展现着一种美和力量的光彩，给茫茫的海天增添了一派生气。请你用喜欢的方式来介绍一下海鸥吧！可以是文字介绍、绘画、手抄报、手工制作或者更有创意的展示方式哦！

大家看，这是我画的海鸥。

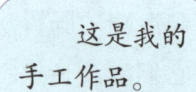

这是我的手工作品。

我用思维导图的形式了解海鸥。

第十课　海港清洁工——海鸥

## 小百科

### 什么是候鸟？

候鸟，是一种随季节不同而周期性进行迁徙的鸟类。夏末秋初的时候，这些鸟类由繁殖地往南迁移到渡冬地，而在春天的时候，它们又由渡冬地往北返回繁殖地。这些随着季节变化而南北迁移的鸟类被称为候鸟。

### 海鸥能喝海水的奥秘

海鸥的鼻部构造与其他鸟类不同，它们的鼻孔像管道，叫作管鼻，管鼻周围是所谓的"去盐腺"。海鸥喝到海水后通过吸气加压的方式，让水在去盐腺的表皮膜过滤后进入体内，留下的浓盐液则通过鼻管排出去。所以，海鸥喝水时，它们的嘴巴看上去好像在漏水，其实是在漏浓盐液。

自然探秘之**鸟类**

## 作品展示

### 法博士

《中华人民共和国野生动物保护法》第三章第三十一条："禁止食用国家重点保护野生动物和国家保护的有重要生态、科学、社会价值的陆生野生动物以及其他陆生野生动物。禁止以食用为目的猎捕、交易、运输在野外环境自然生长繁殖的前款规定的野生动物。禁止生产、经营使用本条第一款规定的野生动物及其制品制作的食品。禁止为食用非法购买本条第一款规定的野生动物及其制品。"

第十课 海港清洁工——海鸥

## 研学故事

# 救助海鸥的故事

秦皇岛市北戴河区是国际有名的观鸟胜地,每年都会有大批的鸟类迁徙、落脚。有海鸥并不稀奇,稀奇的是这里的海鸥非常亲近人类,而且每年的数量都会增多。这里面还有很多真实又感人的故事呢。

### 01

冬季,北戴河的海面结上了厚厚的冰,海鸥们觅食难度大大增加,很多体型较小的海鸥也因此越来越虚弱。

王老师看见这一幕感到很痛心,便开始自己从家里带玉米粒等食物去海边进行投喂,久而久之也就形成了习惯,几乎每天都会去给海鸥喂食。而且每天带的食物也从一开始的只够投喂几只海鸥的一小袋子,变成了可以给大批海鸥喂食的编织袋,身边的亲朋好友也从一开始的质疑、不理解,变成了鼓励和支持。

王老师是北戴河一名普普通通的退休女教师,教书育人一辈子的她,坚持喂养海鸥十几年如一日。正因为北戴河有很多像王老师一样的爱鸟人士,才让北戴河这个在国际上被称为"东方麦加"的观鸟胜地越发美丽。

自然探秘之**鸟类**

### 02

一天，北戴河飘着雪。杨大姐夫妇在海边木栈道遛弯的时候，发现一只海鸥趴在浅滩。起初两人以为是海鸥飞累了所以在浅滩休息一下，可是等两人折返回来看见海鸥仍趴在原地的时候，顿时意识到了事情不妙。

杨大姐的丈夫是鸟类救助中心的志愿者，所以第一时间拨通了鸟类保护中心的电话，联系上了工作人员。

工作人员接到电话迅速赶到了湿地保护区附近，通过望远镜观察确定了这只海鸥的身体状态确实出现了问题。经过申请，工作人员进入湿地保护区准备救援这只海鸥。

可是工作人员刚刚接近海鸥，它就警惕地扑腾着翅膀飞出一大段距离。众人这时才看清这只海鸥的情况，它左翅耷拉着，很明显是已经折断了。

为了避免海鸥在救助过程中再次受伤，工作人员马上拿来了专业的网抄，远程将海鸥控制住，后送到救助中心进行救治。

第十课　海港清洁工——海鸥

## 研学目标

1. 根据故事以及查阅资料，写出海鸥的资料卡。
2. 通过阅读第一部分王老师的事迹，谈谈心得体会。
3. 通过本章节的内容，大家对人与鸟类、人与自然有什么新的思考？

## 研学问题

1. 给两段故事各自拟定一个契合内容的标题。
2. 你在生活中遇见过海鸥吗？如果遇见过，请讲述你遇见它的经历（可以查阅资料）。
3. 北戴河的海鸥为什么会增多？从故事中可以得到哪些启示？

## 自然探秘之鸟类

### 研学建议

1. 在家长的陪伴下，去海边，和海鸥偶遇吧。
2. 仔细观察海鸥，留下它们的精彩瞬间，可以用画笔也可以用手机记录。
3. 和同学们进行一次"保护环境，挽留海鸥"的志愿活动，做环境保护的小卫士。

### 预期成果

1. 懂得人类与鸟、人与自然息息相关，人与自然和谐共生。
2. 北戴河海边的海鸥逐年增多，引导学生增强保护环境意识。

# 第十一课 猛禽之王——金雕

## 金雕档案

### 金雕

绘图：彭烨

**形态特征：**

金雕属大型猛禽。头顶黑褐色，后头至后颈羽毛尖长，羽基暗赤褐色，羽端金黄色，具黑褐色羽干纹。

**食物：**

金雕捕食的猎物有数十种之多，如雁鸭类、雉鸡类、狍子、鹿、山羊、狐狸、旱獭、野兔等。

**栖息环境：**

金雕生活在森林、草原、荒漠、河谷地带，冬季亦常在低山丘陵和山脚平原地带活动，分布区最高达到海拔4 000米以上。白天常在高山岩石峭壁之巅，以及空旷地区的高大树顶上停栖，观察周围情况，常在草地、灌草丛、山坡及丘陵地带捕猎。

第十一课　猛禽之王——金雕

## 金雕图集

金雕雨夜啸寒风，
折翅山岭困天蓬。
惊雷千里驰援去，
金羽侠客映日红。

97

## 自然探秘之**鸟类**

### 实 践 坊

> 通过调查、采访、观察等方式研究金雕,完成调查表。

同学们在北戴河翼展鸟类科普实践基地观察了金雕的外形、生活习性等相关内容,一起来分享吧!

第十一课　猛禽之王——金雕

| 我查到的金雕 | | | |
|---|---|---|---|
| 名称 | | 外形特点 | |
| 生活地 | | 主要食物 | |
| 补充介绍 | | | |
| 我的金雕照片 | | | |

## 法博士

《中华人民共和国野生动物保护法》第三章第二十一条："禁止猎捕、杀害国家重点保护野生动物。因科学研究、种群调控、疫源疫病监测或者其他特殊情况，需要猎捕国家一级保护野生动物的，应当向国务院野生动物保护主管部门申请特许猎捕证；需要猎捕国家二级保护野生动物的，应当向省、自治区、直辖市人民政府野生动物保护主管部门申请特许猎捕证。"

## 知识窗

### 猛禽之王——金雕

金雕,属于鹰科,是北半球上的大型猛禽,更是不折不扣的冷酷杀手。它们体长大约 1 米,翼展约 2.3 米,体重 6.5 千克左右,是国家一级重点保护动物,与大熊猫齐名。金雕有着高傲的品性和强壮而巨大的翅膀。它们锐利的目光、宛如匕首般足以致命的利爪,处处都显示着它们的强壮及威慑力,因而确立了其猛禽之王的地位。

金雕善于滑翔和翱翔,它们可以通过两翼和尾部的微妙调节来控制飞行的方向、高度、速度和姿势,每天可以在空中滑翔 160 千米。作为空中之王的它们,天生自带八倍镜,视力是人类的 8 倍,能从 1 000 米的高空看清地面的老鼠在打洞。当它们发现目标后,就会收拢翅膀,以极快的速度向下俯冲,速度能超过惊人的 320 千米/小时,并在最后一刹那伸展翅膀减速。抓获猎物时,它们的爪能够像利刃一样同时刺进猎物的要害部位,撕裂皮肉,扯破血管,甚至扭断猎物的脖子。巨大的翅膀也是它的有力武器之一,有时一翅扇将过去,就可以将猎物击倒在地。

金雕通常单独或成对活动,冬天有时会结成数量较小的群体,但偶尔也能见到 20 只左右聚集在一起捕捉较大的猎物。白天它们常在高山岩石峭壁之巅,以及空旷地区的高大树上歇息,

## 第十一课　猛禽之王——金雕

或在荒山坡、草地、灌丛等处捕食。

经过训练的金雕，可以在草原上长距离地追逐狼，等狼疲惫不堪时，一爪抓住其脖颈，一爪抓住其眼睛，使狼丧失反抗的能力。曾经有过一只金雕先后抓住 14 只狼的纪录呢！相比之下，它的运载能力较差，负重能力还不到 1 千克。在捕到较大的猎物时，就在地面上将其肢解，先吃掉肉和心、肝、肺等内脏部分，然后再将剩下的部分分成两半，分批带回栖宿的地方。

训练有素的金雕除了狩猎，最大的一个用处就是看护羊圈。它们在新疆哈萨克人的草原上驱赶野狼是司空见惯的。在看护羊圈的时候，周围是没有牧人的呦！

孩子们，请记住，在我国，金雕是国家一级重点保护动物，没有林业部门的允许，任何个人捕捉、饲养、贩卖金雕的行为都属于违法行为，养金雕再酷，都不能起半点念头哦！金雕天生就是为天空而生的，是天空的王者，如果把它们以玩宠的身份束缚在人类身侧，何尝不是一种残忍呢？

## 研学故事

## 救助金雕的故事

**01**

深夜,在北戴河翼展鸟类救养中心内,七八位男同志围在救助室的门前踱步,外面飘落的夜雨也让众人的心情更加焦急。他们都是救助中心的志愿者——一群因为热爱动物、热爱自然而聚集在一起的人。

在里面接受抢救的是一只国家一级保护动物——金雕,这是他们刚刚冒着夜雨,从远在千里之外的承德救助回来的。

这只金雕因为骨折已经很长时间没有进食了,身体机能衰弱到了极点。在路上大家已经及时对其进行了紧急救助,但是金雕的情况还是很不理想。

救助室的大门打开了,兽医摘下口罩松了口气说道:"生命暂时保住了,还得看后续的观察和治疗。"

"太好了!太好了!"

听到这个好消息,这群平均年龄五十岁的志愿者们露出了欣喜的笑容。

雨好像停了。夜空中破开乌云的明月轻柔地给人们洒下了一片片柔和的光芒。这个夜晚,也忽然变得温暖了起来。

## 02

自从金雕来到了救助中心，基地里工作人员的伙食就下降了一个层次。

为了保证大病初愈的金雕有充足的营养，基地的工作人员从自己的伙食费中节约出费用，购买了鲜肉对金雕进行投喂。

很多个夜晚，因为金雕虚弱地无法进食，都是由救护员高阳将肉撕成细条一丝丝地送进金雕的嘴里，方便其进食。原本虚弱的金雕也因为工作人员的细心照顾慢慢地健壮了起来，开始在救助中心的院子里溜达，但是始终飞不起来。经过检查发现，它因为受伤失去了飞翔的能力，最多只能扇动翅膀"扑棱"到树上。而且经过这么长时间的相处，它已经将救助中心当成了自己的家，即使是门户大开，它也不愿意离开。反而是如同主人一般，每日在基地里"巡视"，遇见粉丝想与其合影，也是一副高傲的模样，翅膀一震，威风凛凛。

从此它也正式成为基地的重要成员。

## 03

救助中心的门卫赵大爷最近很纳闷。短短几天已经有三个帽子被徘徊在院子里的金雕叼走放在了树上。并且金雕做完坏事还得意扬扬地看着赵大爷，让树下的赵大爷气得跳脚但是却无能为力，只能眼睁睁地看着自己的帽子挂在树杈上随风摇曳。

这事也引来了基地里其他志愿者的注意。动物专家听说了这件事，便找到了赵大爷，告诉他金雕这种鸟类不会无缘无故地攻击人，而且它们智商高但是心眼小，非常地记仇，所以就

## 自然探秘之 鸟类

询问赵大爷是不是欺负过金雕。赵大爷本身也是一个喜欢小动物的人，怎会欺负金雕呢？自然是一口否定，表示自己从来没有欺负过金雕，反而还经常给它喂食。

提起喂食，赵大爷忽然想起了一件事。上周一只小泰迪犬跑进了基地，结果被金雕当成猎物按在了地上，自己为了解救小狗便利用工具驱赶了金雕，进行了一场"雕嘴夺食"。或许这只金雕就是从那天开始"记恨"起了赵大爷，所以才会故意将赵大爷的帽子叼起来放在高处，借此"报复"。

赵大爷说出这事，引得众人一阵大笑，笑过之后便作出了决定：将原本散养在院子里的金雕，送进了救助中心的猛禽区。毕竟金雕的战斗力是非同寻常的。

所以大家如果在野外见到金雕这类的猛禽，首先要保护好自己，更不可以主动去伤害它们。

如今，被救助的金雕已经痊愈，将救养中心当成了自己的家。

## 第十一课　猛禽之王——金雕

### 研学目标

1. 了解金雕的种类、习性、特点等相关知识。
2. 学习、欣赏金雕高傲的性格和对爱情忠贞的品格。
3. 提升学员对于猛禽类救助流程的了解，模拟现实生活中发现猛禽应该如何去做。

### 研学问题

1. 给三段故事各自拟定一个契合内容的标题。
2. 你所知道的跟金雕有关的典故或文学作品有哪些？同大家分享吧（可以查阅资料）！
3. 金雕为什么会"报复"赵大爷？从中可以得到哪些启示？
4. 通过金雕的故事，大家对人与鸟类、人与自然有什么新的思考？

自然探秘之 **鸟类**

### 研学建议

  1. 实地了解金雕的种类、习性、特点等，学习相关科学知识。
  2. 听工作人员讲述救助金雕后金雕在基地生活的趣闻。
  3. 加深学员对猛禽类救助流程的了解。

### 预期成果

  1. 对金雕有了一定的了解。
  2. 当在野外遇见金雕类的猛禽，知道如何自护。